# La Alfalfa

# Su cultivo y su aplicación en la Industria

## José Ángel Pinzón Gómez

# Dedicatoria

A la memoria de mi papá, José Ángel Pinzón Gómez. Este libro es un tributo a su vida, sus investigaciones y su espíritu de lucha y dedicación. Aunque ya no esté físicamente con nosotros, su legado perdura en cada página.

# Contenido

# La alfalfa

La alimentación representa una de las actividades más importantes en la producción avícola. El dar a las aves una dieta alimenticia sana, económica, bien equilibrada y que reúna las necesidades, según la edad y los fines que se buscan en una explotación, ya sea de desarrollo, postura o engorde, se traducirá en una positiva ganancia para el avicultor, pues la producción será mayor, la alimentación resultará más económica y las enfermedades nutricionales se reducirán.

Se podría definir como alimento a toda sustancia o materia, sea cual sea su origen que, dentro de nuestro medio y nuestros recursos, sea susceptible de servir económicamente para la nutrición de las aves y su aprovechamiento industrial.

De ahí se desprende, que ha faltado en la industria avícola, mayor investigación de las posibilidades alimenticias, que nuestro medio nos puede ofrecer y nos hemos dejado llevar de las circunstancias impuestas por ciertos gremios, que son los menos interesados en que se encuentren sustitutos alimenticios que puedan sacarlos de tan importante mercado.

El costo de los concentrados en la actualidad y su tendencia a incrementarse debido al constante aumento en el costo de las materias primas como granos (sorgo, maíz, arroz) y tortas de oleaginosas, (soya, algodón, ajonjolí), obligan al avicultor a pensar seriamente en la sustitución de

1

algunas materias primas, consideradas hoy como de vital importancia, aún a juicio de perder algunos puntos en la producción a condición de que la rentabilidad mejore sustancialmente, sin tener que acudir al recurso de los constantes aumentos de precio del producto.

El gran interés de la Alfalfa reside no solo en su capacidad de adaptación, facilidad de cultivo y como enriquecedora del suelo, sino particularmente por las importantes características del forraje que produce.

## La harina de alfalfa como alternativa alimenticia

La Alfalfa es utilizada generalmente como forraje para el ganado vacuno, cuya ración diaria puede oscilar entre cuarenta y cinco y sesenta kilos de follaje, lo que permite que en este volumen se encuentre la cantidad suficiente de elementos nutricionales que requiere un animal adulto.

Pero ¿Cómo reducir ese volumen? y convertirlo en una masa que en forma proporcional sea asimilable al aparato digestivo de una gallina, que solo consume diariamente ciento veinte gramos en promedio de alimento y que en tan reducido volumen se encuentren todos los elementos alimenticios, que la gallina requiere para su desarrollo y producción, si éstos son relativos al volumen

Para acoger la Alfalfa como alternativa alimenticia en la Avicultura, sería necesario reducirle el volumen digestible, hasta hacerlo apropiado y apto a las necesidades y tamaño de una gallina, sin que pierda sus bondades nutricionales, es decir, que conserve su composición química original en cantidad y calidad y únicamente el peso relativo a ésta, en lo que respecta a nutrientes.

Para ello le suprimimos el contenido de agua interna que se encuentra en forma libre en las soluciones y jugos de la planta, sin tocar el agua ligada que forma parte de moléculas más complicadas, ya que, si esto llegare a ocurrir en el proceso, ello significaría la modificación de la propia composición química del producto y por tanto su calidad. Se entiende además que cuando se inicia el proceso, el material debe estar totalmente libre de agua (periférica) que haya adquirido por lluvia, riego o rocío.

Este proceso no es otro que la deshidratación por medio artificial, lo que significa la reducción considerable del volumen y por consiguiente del peso, si a la vez la convertimos en Harina, como complemento de su industrialización.

Dicho ya todo sobre la Alfalfa como positiva fuente de proteínas, además de su riqueza en vitaminas y minerales, nos resta analizar la posibilidad de utilizarla como fuente de carbohidratos. Estos constituyen la mayor proporción de la ración avícola, debido a que abundan en los cereales y otros productos vegetales; los más importantes en la alimentación y nutrición de las aves son la glucosa, la sacarosa, la maltosa, la lactosa, la celulosa que es la fracción fibra y el almidón que es la fracción extracto libre de nitrógeno (ELN). El almidón es el más común, ya que está presente en niveles del 60% en ingredientes alimenticios como el maíz, el sorgo y el trigo.

La Alfalfa por su parte contiene el 59% del extracto libre de nitrógeno o almidón, con lo cual entra en competencia abierta con los cereales mencionados, que no llenan los más mínimos requisitos como fuente de proteína.

José Ángel Pinzón Gómez

# La Alfalfa su cultivo y su aplicación en la Industria

Existen algunas variedades como la Medicago Lupulina o trébol amarillo, la Medicago Falcata, la Medicago Scutellata, la Medicago Tribuloides, la Medicago Orbicularis, la Medicago Littoralis, la Medicago Hispida, la Medicago Mínima, la Medicago Arborea, pero dedicaremos nuestra atención a la Medicago Sativa o Alfalfa Mielga.

## Descripción botánica

Planta perenne, de raíz gruesa y tallo leñoso. Foliolos aovados u oblongos, dentados en el ápice Flores grandes, de 8-10 milímetros, en racimos oblongos multifloros sobre pedúnculo o aristado. Corola violácea o azul. Legumbre glabra o pubescente, anular o en espiral, polispermo. Semillas de 1,5 por 2,5 milímetros, ovales escotadas en el ombligo, florece de junio a octubre.

## Caracteres morfológicos y fisiológicos

### Raíz

Las raíces de la Alfalfa son abundantes, profundas. Constan de una raíz principal, robusta y pivotante y numerosas secundarias. En la especie que nos ocupa «Medicago Sativa», la raíz principal es muy marcada y llega hasta la capa freática o roca madre a grandes profundidades.

La raíz alcanza profundidades normalmente de dos a cinco metros, aunque algunos investigadores señalan excepcionales casos de hasta 10 y 20 metros. Este crecimiento determina de alguna manera la capacidad de la planta para extraer agua de las capas más profundas del suelo; por tanto, la resistencia a la sequía de esta. Se ha observado que dos o tres meses después de la siembra y en condiciones normales de germinación y establecimiento, la planta ha echado ya raíces hasta una profundidad de 0.40 - 1 metro. Se ha comprobado que si este establecimiento se realiza en condiciones muy favorables «abundante humedad», entonces la raíz no profundiza lo que sería de desear, de ahí que se recomiende riegos moderados o muy distanciados en los Alfalfares después de la siembra.

## Tallos y Hojas

La Alfalfa es una planta normalmente erecta, de ahí que se preste tan inmejorablemente a la siega. Algunas variedades muestran un aspecto más postrado. En la germinación, el primer tallo nace entre los cotiledones. En las axilas de los cotiledones o cuando éstos desaparecen de las hojas inferiores, se producen yemas que posteriormente dar origen a nuevos tallos.

Las primeras yemas axilares crecen tanto más aprisa cuanto más altas y más cerca estén del primer nudo florífero. Las ramificaciones al nivel del primer nudo florífero del tallo principal pasan al estado de inflorescencia.
Las segundas yemas dan lugar a un segundo ciclo que aparece más alto y desaparece más bajo, sobre el tallo, que el primero. Casi siempre es vegetativo, y sus ramificaciones son más cortas.

Más tarde, nuevos tallos vienen a desarrollarse a la salida del verano, mientras que los tallos viejos se lignifican, endurecen y mueren. lo mismo ocurre después de cada siega. Todos estos tallos nuevos o viejos forman un conjunto que recibe el nombre de corona, fracción fundamental de la planta de Alfalfa. Las variedades adaptadas a climas cálidos presentan típicamente coronas sobre la superficie del suelo; no así en climas fríos, donde la corona aparece bien por debajo de dicho nivel.

Las primeras hojas verdaderas después de los cotiledones son unifoliadas. Lo mismo ocurre en las primeras hojas de los tréboles; sin embargo, en el estado de plántulas pueden distinguirse fácilmente unas de otras porque las hojas de la Alfalfa son mucronadas, mientras que las de los tréboles no lo son. Posteriormente, las hojas normales son trifoliadas, pecioladas, con foliolos peciolados, particularmente el central. Los foliolos adoptan distintas formas más o menos oblongas y anchas. Importante característica varietal, buscada afanosamente en todo trabajo de selección en esta especie, ya que la hoja, como se verá más adelante, reúne óptimas condiciones bromatológicas y, por tanto, resulta de decisiva importancia que el número y tamaño de estas sean lo mayor posible. A lo largo del tallo también varían de tamaño y de forma. En la base no se observan más que escamas foliares, la superficie de los foliolos aumenta al acercarse al ápice, pasando por un máximo y en los últimos entrenudos desaparecen completamente.

## Flor y Fruto

A la salida del invierno, el tallo se desarrolla a partir de una yema del cuello de la planta, floreciendo en fechas bastante fijas en un lugar determinado.

Las flores van reunidas en racimos axilares de distinto tamaño y densidad. La primera inflorescencia se sitúa frecuentemente a la altura del nudo catorce. Tienen color violeta con distintas tonalidades que van desde el azul pálido al morado oscuro. En cuanto a su conformación un gran estandarte con dos alas mayores que la quilla. Los estambres, diadelfos, forman por un lado un paquete de nueve estambres, reunidos en un tubo estaminal que envuelve el estilo y estigma. Las alas poseen a ambos lados una especie de gancho que obligan al conjunto de estambres y pistilo va a permanecer dentro de la quilla.

La legumbre es larga, enrollada en espiral, de tres a cinco vueltas e indehiscente. Estas legumbres albergan variable número de semillas arriñonadas de un color que va del amarillo claro al marrón oscuro.

Al igual que se ha pasado revista a las características morfológicas de la Alfalfa que mayor trascendencia pueden luego tener desde un punto de vista eminentemente práctico, se pretende dar unas notas sobre ciertos aspectos de la fisiología de esta planta con vistas a las medidas que, más adelante se comentarán, deben adoptarse en su cultivo.

**Germinación**

En la germinación, la semilla puesta en el suelo labrado comienza a embeberse de agua y sufre entonces una serie de transformaciones: desarrolla una raíz partiendo de la radícula preexistente en la semilla, y el talluelo se estira hasta sacar los cotiledones a la superficie del suelo. Todo ello se realiza a costa de las reservas existentes en la semilla. Estas reservas no son ilimitadas y, por tanto, de las semillas de mayor tamaño cabe esperar una plántula con mayor vigor. Por la misma razón, la profundidad de siembra no es independiente del tamaño de la semilla; cuanto mayor sea ésta, más hondo puede situarse al sembrar, sin superar, claro está, el espesor que la plántula puede atravesar con sus propias reservas. De la misma forma, al sembrar con se millas del mismo tamaño, las plántulas más vigorosas son producidas por las semillas que han quedado más someras.

Naturalmente para que las semillas puedan embeberse, como más arriba queda dicho, es preciso como primera condición que encuentren en el suelo la humedad suficiente. Sin embargo, la plántula precisa para su desarrollo unas mínimas condiciones de aireación. Cuando por exceso de humedad el volumen de poros libres se reduce por encima de cierto límite, entonces llega a paralizarse la germinación, y si esta situación se prolonga, la mortalidad de plántulas aumenta considerablemente hasta poder llegar a ser total.

La temperatura es otro factor v determinante de las condiciones y velocidad de germinación. La temperatura regula la rapidez de absorción del agua a graves del endospermo, aumentándose cuando también lo hace la temperatura. La semilla germina entre márgenes tan amplios como son desde 1 grado centígrado hasta los 37 grados centígrados, observándose un óptimo hacia los 30 grados centígrados.

La semilla misma puede presentar algunas características que favorezcan o dificulten la germinación. Cuando joven, es decir, recién producida por la planta, la semilla suele presentar un bajo poder germinativo "porcentaje de semillas germinadas", los granos una vez madurados por la planta, deben sufrir una posterior maduración en condiciones secas para alcanzar su óptimo de germinación. Este período en algunos «Trifolium» puede llegar a ser hasta de un año; aunque no se dan cifras concretas para la Alfalfa, se tiene la impresión de que es mucho menos importante y que normalmente este período de maduración se ha completado a los dos meses de recogida la semilla. No significa, por lo tanto, mayor problema para la semilla comercial, que normalmente ha superado dicho período crítico antes de llegar a manos del agricultor.

## Nutrición

Para su crecimiento y desarrollo, la planta necesita de varios elementos minerales y no minerales que absorbe en distintas formas. No deben estudiarse estas necesidades de forma absoluta e independiente, normalmente, la proporción en que estos elementos se ponen a disposición del vegetal es tan importante como las cantidades totales de los mismos. Es fundamental, pues, que exista entre ellos un cierto equilibrio. A menudo están de tal forma interrelacionados, que el exceso o deficiencia de uno de ellos limita o condiciona la utilización par la planta de otros.

Por otra parte, es preciso conceder atención, cuando se trata de plantas forrajeras, a ciertos elementos que, absorbidos por el vegetal sin tener efecto directo alguno sobre él, pasan a sus tejidos y forman compuestos tóxicos que al consumir el forraje un animal puede ser perjudiciales a su salud, en casos con resultados graves.

## El Nitrógeno

Probablemente, el nitrógeno constituye el elemento de mayor repercusión económica en la agricultura moderna y más concretamente en la producción forrajera, formando parte de proteínas y prótidos y de la molécula de clorofila, determinante de la asimilación fotosintética en el vegetal. De ahí que una planta bien suministrada de nitrógeno presente un intenso color verde y, a su vez un elevado contenido da clorofila sea la causa de la asimilación de grandes cantidades de materia orgánica y, consecuentemente, de la aceleración del crecimiento. Recíprocamente, cuando existe una deficiencia en este elemento, la planta adquiere un color verde pálido "clorosis" y su crecimiento queda frenado. Los síntomas de clorosis suelen ocurrir antes en tejidos viejos que en los jóvenes en crecimiento activo. Cuando incluso éstos quedan afectados, es que se trata de casos de deficiencias muy importantes. Lo características de la clorosis causada por falta de nitrógeno, es que se trata de un fenómeno reversible, es decir, que desaparece tan pronto como la planta recibe de nuevo este elemento. Vemos, pues, como la nutrición del nitrógeno está directamente vinculada al crecimiento vegetativo de los vegetales y, por consiguiente, a la producción forrajera.

En la naturaleza el nitrógeno existe de varias formas:

- ✓ En forma «mineral» formando compuestos más o menos solubles.

- ✓ En forma «orgánica» formando parte de los tejidos de las plantas y los animales.

- ✓ En forma «libre» como componente fundamental del aire.

La planta utiliza solamente el nitrógeno mineral y más particularmente cuando se encuentra formando nitratos, aunque también es aprovechado en forma amoniacal en menor proporción.

Las leguminosas y concretamente la Alfalfa son capaces de asimilar el nitrógeno libre atmosférico gracias a la simbiosis con ciertas bacterias radicícolas que los transforman poniéndolo a su disposición. De ahí que la carencia de nitrógeno en las leguminosas sea poco común y solo ocurran cuando el medio que las rodea es poco apropiado para el desarrollo de las mencionadas bacterias.

## La fijación simbiótica del nitrógeno en la Alfalfa.

El agricultor sabe, desde los más antiguos tiempos, la favorable acción que sobre la fertilidad del suelo ejerce el cultivo de las leguminosas. Después de tener una parcela bajo Alfalfa, el cultivo que viene detrás produce una excepcional cosecha.

Ello es, ni más ni menos, consecuencia directa de la capacidad de estas plantas para la fijación del nitrógeno atmosférico gracias a las bacterias que en simbiosis viven en sus raíces. Dichas bacterias pertenecen al género «Rhizobium», que se desarrolla en las cédulas de la raíz de las leguminosas formando colonias, perfectamente detectables exteriormente como un abultamiento que recibe el nombre de «nódulo». Los Rhizobium son bacilos que pueden ostentar diferentes formas: flagelados y dotados de movimiento cuando jóvenes, pierden más tarde los flegelos para convertirse en pequeñas células globosas en forma de cocos y, finalmente, en bacteroides vacuolados en su última etapa, que puede considerarse como estado de degeneración. Son gramnegativos y heterotróficos. Aerobios obligados, degeneran y desaparecen en cuanto se ven privados de oxígeno.

Los gérmenes fijadores de nitrógeno viven en el suelo, presentando entonces su forma flagelada y dotados por tanto de cierto movimiento. Sin embargo, este movimiento es extremadamente lento, son el agua y el viento quienes principalmente contribuyen al acercamiento entre el rizobio y la planta que será infectada. Se introducen en la misma a través de los pelos radicales, donde comienzan a reproducirse con gran rapidez, dirigiéndose hacia el parénquima de la raíz. Una vez infectado el parénquima, causan a su vez una rápida multiplicación de las células corticales de la raíz, con lo que se produce un abultamiento de esta o nódulo. Las células parenquimatosas que tan activamente se han dividido, son invadidas por la bacteria y rodéalas por una capa suberosa, que permite el paso de una red de vasos a través de los que circulan las sustancias nutritivas aprovechadas por el rizobio al propio tiempo, la planta retira y utiliza los compuestos nitrogenados sintetizados por las bacterias. Sin embargo, no todo el nitrógeno fijado por la bacteria es utilizado por la planta. Una buena parte, en ocasiones más del cincuenta por ciento, es excretado, enriqueciendo con ello el suelo que rodea las raíces.

## El Fosforo

Es uno de los fundamentales principios nutritivos de los vegetales, pues también es parte importante en la composición de la planta donde se encuentra en forma mineral «como fosfatos simples» o formando parte de sustancias orgánicas más complejas, como por ejemplo los ácidos nucleicos celulares.

Las funciones fisiológicas sobre las que el Fosforo juega un papel decisivo son múltiples:

*Estimula el crecimiento radicular de la planta*, especialmente cuando, después de la germinación, el vegetal precisa para su definitivo establecimiento de un rápido y abundante desarrollo de la raíz. De ahí el interés que tiene el generoso abonado fosfórico de fondo.

*Favorece y regula todos los procesos generativos de la planta*, es decir, la floración, la fructificación, etc. Una floración precoz de una cosecha suele lograrse en terrenos bien dotados de este elemento.

*Tiene una actuación decisiva en todos los procesos de síntesis en el vegetal*, ya que ciertos compuestos, de los que el Fosforo forma parte importante, actúan de vehículos en los mismos.

*Regula la asimilación y utilización nitrogenada por la planta* por lo mismo que permite el transporte de azucares en la síntesis proteica.

Los síntomas carenciales son difíciles de detectar. En realidad, solo en contadísimos casos la deficiencia de un suelo en Fosforo es tan extremada como para frenar por completo alguna de las actividades arriba mencionadas. Por tanto, cuando el nivel fosfórico se encuentra por debajo de los mínimos admisibles, solo se nota un lento crecimiento, un re trazo en la floración y fructificación y, en general, una cierta tendencia de la planta a postrarse y adoptar forma de roseta.

El Fosforo puede encontrarse en el suelo en distintos estados más o menos utilizables por la planta.

- ✓ Una mínima parte en *forma soluble*, que es la única directamente absorbible y utilizable por el vegetal.

- ✓ *En forma orgánica*, una pequeña parte de estos directamente utilizables por el vegetal. La mayor parte de este Fosforo se encuentra absorbido por el humus del suelo y es fácilmente movilizable a medida que el vegetal va tomando la fracción soluble directamente asimilable.

- ✓ Fija *en forma de fosfatos cálcicos* al complejo arcilloso-húmico del suelo. También buena parte de este Fosforo, aunque firmemente retenido en

14

casos por el mencionado complejo, puede ser lentamente movilizado a medida que la concentración del Fosforo soluble va disminuyendo.

✓ Formando *complejos minerales* muy insolubles y ya no utilizables ni recuperables para el vegetal.

El Fosforo presente en un terreno está bajo el influjo de dos tendencias opuestas: una que tiende a disolverlo en el agua presente en el suelo y otra que pretende fijarlo de manera cada vez más insoluble, hasta llevarlo a la situación mencionada en cuarto lugar, pasando por una serie de reacciones y transformaciones, las últimas de las cuales de manera ya completamente irreversible. Entre ambas tendencias se establece, pues, una cierta clase de equilibrio, que es continuamente deshecho por la constante utilización que del Fosforo soluble hace la planta. Para restituir ese equilibrio debe solubilizarse parte del Fosforo fijado al complejo arcilloso-húmico o bien del orgánico. De ahí la importancia que tiene la materia orgánica en el suelo, ya que favorece la fijación del Fosforo en forma recuperable para la planta, impidiendo así su fijación en forma inutilizable. Por otro
lado, hay plantas que se muestran más eficientes en la movilización de este Fosforo en reserva de los suelos; en este sentido se distinguen las leguminosas, en general, y la Alfalfa, en particular.

## El Potasio

Este elemento se encuentra en la planta en forma de sales de ácidos inorgánicos y orgánicos. Su papel no es en realidad bien comprendido, si bien juega un papel fundamental como catalizador y regulador de las funciones fisiológicas básicas del vegetal.

Favorece la función clorofílica de forma decisiva,

aumentando en su presencia la concentración de hidratos de carbono fotosintetizados. Asimismo, regula y activa el transporte de estos azucares a los puntos de crecimiento reserva de la planta. También limita la utilización de la planta del nitrógeno y, como consecuencia, la formación de proteínas, según un proceso poco conocido.

También ello es probablemente la razón de que el potasio constituya para la planta un elemento que favorece la sanidad y resistencia a enfermedades de esta. Así parece comprobado que aumenta la resistencia a la sequía y a las heladas, a enfermedades criptogámicas y, a la vez con el Fosforo, favorece el desarrollo radical.

Solamente se presentan síntomas de carencia ostensiblemente cuando la deficiencia de un suelo en este elemento es extrema. Entonces aparecen signos de clorosis en forma de manchitas más claras normalmente en los márgenes y extremos apicales de las hojas. En casos, las hojas empiezan a decaer y mueren, comenzando por las más viejas. En contraste con la clorosis descrita en los casos de carencia nitrogenada, estos síntomas suelen ser irreversibles, es decir, no desaparecen, aun cuando se abone la planta después de su aparición. Sin embargo, estos casos de carencias elevadas son raros en nuestro país y solamente se presentan en terrenos francamente arenosos, empobrecidos por lavado. Sin embargo, los iones Calcio y magnesio son antagónicos del potasio, ASÍ un suelo excesivamente calizo o reciente y abundantemente encalado puede traer como consecuencia que la planta no pueda absorber la necesaria cantidad de potasio aun estando este presente.

Como en el caso del Fosforo, el ion potasio puede ser

fijado por el complejo arcilloso-húmico, reduciendo así la concentración de éste en las soluciones del suelo. Pero también en este caso existe ese equilibrio entre la proporción del ion en solución y el fijado; por lo que, cuando la planta va utilizando el suelo se encuentra en solución, va liberando paralelamente del complejo arcilloso húmico el retenido, con el fin de recuperar dicho equilibrio.

En suelos muy pobres en potasio o en humus, el propio complejo arcilloso-húmico absorbe al ion, haciéndole penetrar en su interior y poniéndole fuera del alcance de la planta, este potasio puede ser recuperable en el vegetal si se eleve el nivel de dicho elemento y de la materia orgánica en el suelo.

Los abonos comerciales potásicos más corrientes son el cloruro de potasa y el sulfato de potasa*. El primero, con una riqueza en $K_2O$ de por lo menos un 60 x 100, proviene de la sal natural conocida con el nombre de silvinita que no es más que una mezcla de los cloruros de potasio y sodio. En esta forma no es recomendable utilizarle en terrenos muy arcillosos o ácidos.

El Sulfato potásico proviene del ataque por el ácido sulfúrico del cloruro. Tiene, pues, una riqueza en potasa menor 48%. Al mismo tiempo en más caro. Solamente se utiliza en los casos en que no está indicado el cloruro.

## El Calcio

El Calcio tiene una doble misión en el suelo, Bien es verdad que constituye un elemento nutritivo fundamental para la planta, pero al mismo tiempo regula las características edáficas que condicionan la vida de la planta y la absorción por ella de los otros nutrientes. El Calcio es pieza fundamental en la constitución de las paredes celulares y en este sentido se encuentra distribuido por todos los tejidos vegetales, tanto en los viejos como en los jóvenes de más reciente formación. En las semillas es, en cambio relativamente más escaso, si bien influye sobre su formación y maduración.

En cuanto a su importancia como agente edáfico, determinante de las condiciones del suelo, el Calcio regula la estructura del suelo. Así, en terrenos pesados que tan poco se prestan al cultivo de la Alfalfa, favorece su permeabilidad permitiendo la respiración de las raíces y la vida del «Rhizobium» tan decisivo, como ya queda visto para la vida de esta leguminosa. El Calcio libera a los otros iones del complejo arcilloso-húmico "por ejemplo, el potasio y el fosfato", haciéndolos así aprovechables por el vegetal. Finalmente favorece la alcalinidad de los terrenos, factor éste que, como más adelante se verá, actúa frecuentemente como limitante del cultivo de la Alfalfa.

Los síntomas de carencia suelen ser más bien indirectos que apreciables directamente sobre la propia planta. Así un terreno deficiente en cal presenta dificultades frecuentes de drenaje, los restos vegetales de anteriores cosechas y el estiércol s6 humidifican muy lentamente, etc. Directamente puede apreciarse una cierta falta de resistencia del vegetal a la sequía y a las heladas, y a veces las puntas de las hojas jóvenes se mustian y secan en los ápices.

El Calcio se encuentra en el suelo formando distintas sales, aunque es el carbonato cálcico, sin lugar a duda, la más frecuente y abundantemente forma de encontrarle. El carbonato cálcico es insoluble, pero dado que el agua del suelo lleva una cierta cantidad de anhídrido carbónico disuelta, tiene lugar la reacción siguiente:

$$CaCO_{3+}\ H_2O+CO_2= Ca(HCO3)_2$$

Produciéndose bicarbonato de cal ya soluble. La materia orgánica existente en el suelo, al descomponerse y oxidarse libera gran cantidad de anhidrido carbónico, que se disuelve en el agua y favorece por tanto la solubilidad del carbonato cálcico, al fraccionamiento del carbonato cálcico aumenta la superficie exterior expuesta a la acción del agua y al anhidrido y, por tanto, a la solubilización del carbonato.

El agua de lluvia tiene, en general, un alto contenido en anhidrido carbónico, de ahí que sea capaz de solubilizar grandes cantidades de carbonato cálcico y arrastrarlo. Por eso se da el caso frecuente de que en algunos terrenos filie» ladera, las partes más altas se hayan ido descalcificando por la acción de los arrastres debidos a las lluvias y sea deficiente en este elemento, mientras que en las partes bajas se hayan ido acumulando los materiales provenientes de dicho arrastre y se formen suelos especialmente ricos en este elemento.

La adición de Calcio a un terreno puede tener un doble sentido: como corrector o enmienda de las características físicas del suelo «pH y estructura, fundamentalmente» y como abono propiamente dicho, entendido en el sentido de principio nutritivo para la planta

**Microelementos**

En cuanto a los microelementos se destacad con mayor importancia el "Boro" que parece tener gran importancia en la fisiología de la planta como regulador del metabolismo proteico, del transporte de los azúcares sintetizados y de la utilización del agua por las células. Los síntomas de carencia del boro suelen aparecen en épocas de sequía y desaparecen a renglón seguido, cuando mejora la situación de disponibilidad de agua, se deforman los brotes terminales en el sentido de arrosetarse, y se produce un estado de clorosis más o menos pronunciado, de acuerdo con la importancia de la deficiencia. El boro se encuentra, generalmente, en suficiente cantidad para las necesidades de la planta en la fracción arcillosa y en la materia orgánica del suelo. Raras veces ocurren deficiencias, y casi siempre en suelos arenosos muy lavados. Para enriquecer el suelo en este elemento suele utilizarse el boro en mezcla con otros abonos que facilitan su distribución. Téngase en cuenta que los encalados suelen agravar la situación de escasez del boro, este debe distribuirse durante el invierno o inmediatamente después de una siega.

# Ecología y adaptación

Se conoce con la palabra ecología al conjunto de todos aquellos factores del medio que rodean a un ser, condicionando su vida. Al pretender hablar aquí de la ecología de la Alfalfa, se quiere pasar un rápido recorrido a aquellos factores que especialmente limitan su desarrollo.

El Agricultor necesita conocer estos condicionantes de sus cultivos para saber cuándo y dónde puede introducirlos con posibilidades de éxito o en qué forma debe actuar sobre ese medio para que, modificándolo favorablemente, pueda llegar a obtener mayores rendimientos.

Estos factores ecológicos cabe encuadrarlos en tres grandes grupos: climatológicos, edafológicos y bióticos. Estudiaremos entre los primeros las dos variables fundamentales: temperatura y humedad. Para la Alfalfa, las principales características edáficas a estudiar son la acidez y alcalinidad, salinidad, profundidad del suelo y condiciones de drenaje. Finalmente, los factores bióticos se refieren muy directamente, en el caso de una forrajera, a la forma de aprovechamiento de esta por el ganado o la industria donde se vaya a aplicar, vinculado y dependiente estrictamente del vegetal En este capítulo se dedicará mayor atención a los dos primeros grupos de factores, dejando todas las condiciones referentes al aprovechamiento de la

21

Alfalfa, a la segunda parte de este estudio y su aplicación a la Industria.

## La Temperatura

La difusión del cultivo de la Alfalfa en todo el mundo puso de relieve el hecho de que la «invasión» de la América del norte por esta planta fue frenada por razón de la falta de resistencia al frío, limitante que fue resuelto mediante un cruce de la Medicago Falcata y la Medicago Sativa, que permitió conjuntar en una misma variedad esas buenas condiciones de rebrote y calidad de forraje de la Medicago Sativa con la alta resistencia a los fríos invernales de la Medicago Falcata.

La semilla de Alfalfa comienza a germinar a temperaturas de 2°C a 3° C, siempre que los restantes factores "humedad, fertilidad tes etc. no actúen como limitantes, La germinación es más rápida cuanto más sea la temperatura, hasta alcanzar un óptimo aproximadamente a los 28°C – 30°C. Temperaturas por encima de los 33°C. resultan ya letales para la joven plántula.

Con temperaturas medias anuales de alrededor de 14°C, la producción forrajera es ya importante.

Un aspecto especialmente importante, objetivo pasado y actual de gran número de investigaciones, es la resistencia de la Alfalfa a las heladas, es decir a quedar sometida durante un período de tiempo no excesivamente prolongado a temperaturas muy bajas. Existe, indudablemente, una estrecha relación entre resistencia al frío y resistencia a las heladas, aunque no sea completa. Surge aquí la importancia de la Medicago Sativa para los cultivos en tierras altas, donde son frecuentes las heladas, sobre todo en los meses de diciembre, enero y principios del segundo

22

semestre. Ello se debe o al menos se atribuye a que en esta variedad o base de la macolla está, en general, ligeramente bajo tierra abrigada así la zona servible de los retoños del contacto directo con el hielo.

## El Agua

La Alfalfa es considerada, generalmente, como planta bastante resistente a la sequía. Sin embargo, ello no quiere decir que no pre cise de importantes cantidades de agua para su desarrollo y producción. ASÍ, datos norteamericanos señalan que el número de kilogramos de agua precisos para producir, un kilogramo de materia seca por lo planta es en el caso de la Alfalfa de 700 a 800 kilogramos, mientras que los cereales de invierno "avena, cebada y trigo"; solamente precisan de 500 a 600 kilogramos y los cereales de verano "maíz y sorgo", de 300 a 350 kilogramos.

Naturalmente, la cantidad necesaria de agua para el debido desarrollo de la Alfalfa depende de varias condiciones de clima y suelo "temperatura, humedad, ambiente, viento, etc."; que determinan en definitiva la evapotranspiración. Sin embargo, las cifras que se recogen de los distintos autores indican magnitudes relativamente semejantes.

Ello no quiere decir que con menor cantidad de lluvia la Alfalfa no pueda vivir. En este sentido, una vez más, cabe señalar una marcada diferencia entre la Medicago Sativa y las otras especies, porque como anteriormente se señala, posee unas raíces pivotantes potentes, con lo que es capaz de extraer agua de las zonas más profundas del suelo donde se encuentra almacenada.

En estudios realizados en los Estados Unidos pudo observarse que las reservas de agua de la primera capa de dos metros fueron completamente agotadas por la Alfalfa en los primeros dos años de cultivo. Posteriormente, este agotamiento se había extendido a los 4.5 metros al tercer año y los 7.5 metros al final de los seis años. Todo ello manteniendo un ritmo de producción bastante aceptable y sostenido durante seis años.

**Factores Edáficos**

## La Acidez

Este es probablemente uno de los factores que resultan de mayor trascendencia en la limitación al área de cultivo de la Alfalfa en todo el mundo. En Países como Sudáfrica ha sido ésta la razón por la cual la difusión de tan interesante planta forrajera ha estado frenada durante decenios. En España, extensas zonas de Castilla, donde por el clima la Alfalfa se adapta perfectamente y viene a resolver graves problemas culturales, existen importantes superficies de terrenos con suelos de pH. ácido donde la Alfalfa encuentra dificultades para su implantación y para los que no se dispone hoy de cultivo que venga a cubrir su puesto.

En la germinación no viene a constituir un grave problema, habiéndose logrado porcentajes de germinación aceptables en lotes de semillas sobre Agar-Agar con pH hasta de 4.

Esta diferencia en sensibilidad a la acidez en plantas y semillas es una prueba más de que la acción del pH sobre esta planta es indirecta, determinando de alguna manera la nutrición de esta, ya que cuando el vegetal se alimenta de las reservas acumuladas en la semilla puede soportar niveles sustancialmente más bajos.

En efecto, aparte de una acción directa relativamente modesta, la acidez del terreno determina fundamentalmente:

- ✓ La nodulación y, consecuencialmente, la nutrición nitrogenada de la planta.
- ✓ La utilización del ion Calcio.
- ✓ La absorción de los iones aluminio y manganeso, con Los posibles efectos tóxicos que se siguen a un exceso de estos.

El «Rhizobium Meliloti», bacteria nodulante en la Alfalfa, es una especié neutrófilo que no se reproduce por debajo del pH 5. Es más, se ha comprobado que su eficiencia como fijadora de nitrógeno es débil para un grado de acidez por debajo de pH 6.

Coinciden, con gran frecuencia, el hecho de la acusada acidez de un terreno con la escasez de Ca en el mismo. Incluso cuando este elemento se encuentra presente, la marcada acidez es causa de una absorción limitada de dicho ion.

Esta es la razón por la que se debe recomendar que para terrenos con pH por debajo de 6.4 se proceda a un encalado importante previo al establecimiento de la Alfalfa. Para pH inferiores a 6 conviene repetir estos encalados, cuando menos bisanualmente, con objeto de prolongar la vida del cultivo.

Existe una cierta incompatibilidad, en relación con su absorción por las raíces de la Alfalfa, entre los iones Ca, por un lado, y los Al, Mn, por otra, que la acidez del suelo se encarga de acentuar en favor de estos últimos. De la misma manera que velamos como a pH bajos el Calcio era absorbido en menor proporción relativamente, el aluminio y el manganeso suelen serlo con mayor intensidad.

El aluminio y el manganeso son tóxicos, en tanto en cuanto las cantidades de ellos absorbidas por las raíces son movilizadas y transportadas a las partes aéreas de la planta; solo entonces resultan perjudiciales para el vegetal.

Resumiendo, en pocas palabras, el encalado tiene en terrenos ácido los siguientes efectos positivos:

✓ Eleva, el pH, favoreciendo la nodulación del «Rhizobium».

✓ Aumenta la cantidad de ion Ca en el suelo a disposición de la planta.

✓ Frena la absorción por la planta del aluminio y manganeso, que le son tóxicos.

En suelos descalcificados por lavado, solamente la capa superior es ácida. entonces los problemas de acidez se presentan únicamente hasta que la planta profundiza con sus raíces hasta niveles donde el pH es más alto y encuentra entonces óptimas condiciones para su desarrollo, en estos casos suele ser suficiente el encalado en la implantación del cultivo, repitiéndolo si fuere necesario hasta que se hubiere constata do que las raíces habían encontrado la capa de mayor riqueza caliza.

## Salinidad y Alcalinidad

La Alfalfa es una planta cuyo óptimo de pH se sitúa en la zona de neutralidad, si bien tolera mejor la alcalinidad que la acidez, sin embargo, cuando esta alcalinidad alcanza valores altos, la disponibilidad de ciertos elementos, tales como el Fosforo, hierro, manganeso, boro y cinc, queda reducida, llegando en algunos casos hasta límites inadecua dos para la vida de la planta. De todas formas, no es la alcalinidad problema que pueda limitar severamente la implantación de la Alfalfa, a no ser que se complique con problemas de salinidad.

La salinidad en los suelos es consecuencia de muy distintas causas

> En un regadío con drenajes mal calculados o impedidos, puede producirse acumulación de sales por dificultades de eliminación de estas. Estos problemas se complican, cuando se utiliza agua cargada de sales, aunque solo sea temporalmente.
> En condiciones de cierta aridez, cuando a la escasez de precipitación se une la intensa evapotranspiración. Las sales llamadas a la superficie por capilaridad no son obligadas a descender por lavado de las lluvias y la capa arable del terreno va elevando su contenido en sales. Esto resulta especialmente peligroso en suelos con dificultades de drenaje, con capa impermeable próxima.
> Cuando la presencia de una capa salada próxima a la superficie per mi te la ascensión de las sales por capilaridad, como en el caso anterior se exponía.

La solución previa de todos estos suelos debe ser, lógicamente, favorecer el lavado de estos para eliminar las sales de la más rápida manera posible, para ello se deben mejorar los drenajes, bien superficialmente o mediante subsolados y labores profundas. En regadíos deben darse riesgos que provoquen este layado, sin embargo, en suelo alcalinos, como antes se exponía, el problema se agrava, ya que estos lavados del terreno causan una elevación excesiva del pH., haciéndose su situación cada vez más difícil.

Los síntomas de salinidad en la planta son en todo parecidos a los de sequía. Si inician por una ligera palidez de algunas partes del vegetal, para luego ir reduciendo el tamaño de las hojas, que adquieren un color verde oscuro, al mismo tiempo que la planta va achaparrándose y arrestándose.

La presión osmótica de la solución del suelo aumenta con la cantidad de sales en ella disueltas. Como es sabido, la cantidad de agua, absorbida por la planta es función de la diferencia en presión osmótica y de la solución en el suelo y en el interior de las raíces de la planta. De ahí que, al aumentar la concentración de sales en el suelo, se reduzca esta diferencia en presión osmótica y la cantidad de agua absorbida disminuya sensiblemente, con resultados similares a los de una sequía, porque la tolerancia de las plantas a la salinidad disminuye en tiempo cálido y seco, cuando las necesidades de agua aumentan.

El agua asciende en la planta probablemente también por diferencias en la presión osmótica entre la raíz y la parte aéreas. El aumento de salinidad en el sueldo produce disturbios en el equilibrio entre la raíz y parte aérea, y por ello aquellas plantas con mayor desarrollo radicular relativo aparecen son más resistentes a la salinidad. Así la Alfalfa Medicago Sativa es generalmente reconocida como más tolerante que otras especies.

Indudablemente, el efecto que la salinidad tiene como limitante de la absorción de agua por la planta es el aspecto más importante de la cuestión. Sin embargo, no hay que    olvidar que el exceso de iones puede tener también consecuencias toxicas sobre el vegetal.

Sodio y magnesio son los cationes más normales en esta clase de suelos, que aparte de su efecto directo como tóxicos, cuando presentes en cantidades excesivas limitan la proporción de Calcio absorbible por la planta, aspecto éste de gran importancia en la nutrición de la Alfalfa, como anteriormente se vio.

La Alfalfa es reconocida como bastante tolerante de la salinidad, conjuntamente con el sorgo. Sin embargo, esta tolerancia se refiere únicamente al período adulto de la planta, su tolerancia durante la germinación es incluso inferior a la de los cereales. Posiblemente la razón de ello no es otra que la intensa evapotranspiración en la superficie del suelo donde se concentran las sales más densamente, por lo que la situación de las plántulas resulta especialmente desfavorable. Cuando la planta desarrolla sus raíces en profundidad, alcanza niveles del suelo donde la salinidad no es ya tan extremada y resulta más tolerable.

## Profundidad del sueldo y drenaje

La Alfalfa se desarrolla óptimamente en suelos profundos, sanos y bien drenados. En estas condiciones, incluso en climas de escasa pluviometría, es capaz de rendir notables cosechas. Tales condiciones no suelen ser demasiado frecuentes, y cuando concurren, se dedican tales tierras a tipos de explotación más intensivas que la puramente forrajera Concretamente en lo que se refiere a la Alfalfa, se debe una preguntar hasta qué punto la escasa profundidad o un defecto de drenaje puede limitar su cultivo.

Cerca de la mitad de la materia de una planta es oxígeno. De ahí la gran necesidad que de este; elemento tiene un vegetal, especialmente cuando está creciendo activamente. Las partes aéreas del mismo

29

están en contacto con la atmosfera y tienen a su disposición , en condiciones normales, cuanto oxigeno necesiten, pero así las raíces, que desarrollándose en el suelo no tienen acceso más que al aire que rellena los poros del mismo o al oxígeno contenido disuelto en el agua de lluvia o en la de riego, cuando un suelo tiene dificultades de drenaje, el agua se estanca, expulsando el aire de los poros del mismo y empobreciéndose paulatinamente en oxígeno, las raíces ante la falta de tan precioso elemento, se asfixian. Si el drenaje mejora el agua de riego o lluvias se renueva con frecuencia en el suelo y ella trae disuelto el oxígeno, puesto de esta manera al alcance de las raíces de la planta.

Al comentar las características botánicas de la Alfalfa, se señalaba con gran énfasis el gran desarrollo radicular que esta planta llega a adquirir, razón por la cual era resistente a la seguía, ya que en épocas de escasez podría llegar a extraer el agua que necesitaba de las más profundas capas del suelo. Naturalmente, ello resulta difícil cuando existe la capa impermeable o la propia roca madre muy a flor de tierra, las raíces no pueden alcanzar la profundidad que necesitarían para suministrarse de agua, y su vida en períodos de escasez se hace así muy precaria. Finalmente, la nula eliminación del agua en exceso por percolación y la escasa capa de erra capaz de embeberse, es causa de encharcamiento que, como antes que dicho, es perjudicial para el desarrollo de la Alfalfa. El cultivo de Alfalfa en suelos de menos de 60 centímetros de profundidad no es aconsejable.

## Elección del terreno

Hemos visto con detenimiento todos los factores que definirían la ecología de la Alfalfa, y entre ellos, forzosamente los relativos a la edafología. Allí se enumeraron las condiciones de suelo sobre las cuales la Alfalfa podría vivir, desarrollarse y producir.

Por otra parte, un agricultor concreto se encuentra forzado a elegir entre las tierras de su patrimonio, adecuadas o no al cultivo de la Alfalfa. Sin embargo, es interesante determinar y concretar qué tipos de suelos son más adecuados para la Alfalfa, para, si en algún momento un terreno se separa radicalmente de sus características medias, ser capaces de modificarlas; con el fin de asegurar el éxito en su explotación. En caso de que las condiciones edáficas difiriesen extremadamente de las puramente aconsejables, sería conveniente desistir de su cultivo y elegir otras plantas que mejor se adapten a tales condiciones ecológicas. Bien es cierto que la Alfalfa facilita la labor en este sentido, dado que se adapta a una gran variedad de suelos. Prefiere, desde luego, los de textura media, profundos y bien dotados de Cal. Pero cuando nos conformamos con producciones menores las normales cabe cultivarla en terrenos que se separan mucho del ideal.

La capa freática de agua debe estar a más de un metro de profundidad. Las raíces de la Alfalfa precisan de suelo sano y profundo donde extenderse, cuando la capa freática asciende más cerca de la superficie del terreno, la parte de raíces quedan sumergidas y mueren por asfixia. Algo análogo ocurre en terrenos que se encharcan en algún momento del año o que eliminan lentamente y con dificultades el agua de riego. Defectos éstos últimos que es preciso eliminar o de los que es absolutamente necesario huir.

## Época de siembra

La Alfalfa debe sembrarse, bien durante el mes de marzo o en los primeros de abril, cuando hayan caído las primeras lluvias, tratándose de zonas frías, con el fin de conseguir la completa germinación de las semillas antes de que aparezcan las heladas de julio y agosto. También puede sembrarse en condiciones no tan optimas entre el 15 de septiembre y el 15 octubre, buscando también así liberar las plántulas de las heladas de diciembre.

## Labores preparatorias del terreno

Teniendo en cuenta que la Alfalfa es cultivo que va a producir varias cosechas en el terreno y que una debida preparación de este puede, por tanto, determinar los buenos rendimientos de los próximos años, conviene ser verdaderamente generosos en las labores preparatorias previas a la siembra, por otro lado, el alto costo que pueda acumularse por la realización de labores extraordinarias va a repartirse entre el producto de varios años, por lo que su repercusión económica es así atenuada.

Tres son los objetivos para conseguir en la preparación del terreno.

1 Preparar el suelo de manera que se favorezca el desarrollo de las raíces de la planta. Conocidas las características morfofisiologías y ecológicas de la Alfalfa, es fácil deducir que, en este sentido, el agricultor se debe preocupar de remover el suelo en profundidad, de manera que las pivotantes raíces de la planta puedan penetrar lo más hondo posible. Por otro lado, es imprescindible sanear el terreno, con el fin de impedir encharcamientos, tanto permanentes como temporales, que tanto perjudican la salud de la planta.

2 Destruir las malas hierbas que puedan competir con la Alfalfa y restarle espacio, humedad y elementos nutritivos.

3 Reparar la superficie del suelo "capa superior de "5-10 centímetros" para que reciba la semilla y facilite su germinación. Hay que entender esta preparación en dos sentidos:

> ➤ Conseguir una capa de tierra mullida en la que la semilla no encuentre obstáculo alguno para que sus cotiledones salgan, en este sentido, los terrones y la formación de costra en terrenos pesados suelen representar los mayores inconvenientes.

> ➤ Que las semillas queden íntimamente unidas a las partículas de la tierra donde han de encontrar la humedad necesaria para su germinación.

El subsolado beneficia a toda clase de cultivo. Es una labor profunda que mejora las condiciones de drenaje del terreno, al mismo tiempo que aumenta la capacidad de almacenamiento de agua del suelo. Todo ello sin alterar el orden de los horizontes del terreno, con lo que se evita en muchos suelos que los cantos y rocas que se encuentran en profundidad vengan a aumentar la pedregosidad de la capa arable, o que salgan a la superficie tierras poco convenientes para el cultivo. Si todo ello es conveniente para cualquier clase de planta, lo es en particular y especialmente para la Alfalfa. Esta labor resulta cara por sus grandes requerimiento en potencia de tracción, especialmente si se tiene en cuenta que cuando más eficiente resulta es en el verano, momento en que el terreno se encuentra completamente seco y endurecido. En estas condiciones, el resquebrajamiento interno del suelo es máximo, por tanto, es una labor que no puede, por razones económicas, menudearse con frecuencia.

## Encalado

La acidez del suelo es uno de los problemas más frecuentes en la implantación de Alfalfares. Con pH por debajo de 6,5 la Alfalfa encuentra graves dificultades para desarrollarse. Entonces se hace imprescindible recurrir al encalado, *has* dosis serán más o menos interesantes de acuerdo con la mayor o menor acidez que se presente.

Dosis de una a tres toneladas métricas por hectárea de cal apagada suelen ser bastantes frecuentes.

Además de la Cal apagada pueden utilizarse también las cenizas de caleras y espumas de azucarería, siempre teniendo en cuenta al establecer las dosis su menor riqueza en CaO. La Dolomita es muy aconsejable en ciertas zonas donde el suelo en pobre en magnesio. En suelos ácidos es también aconsejable que el fosfórico se aporte en forma de escorias, que siempre supone una ayuda más en el propósito de neutralizar la reacción del suelo.

Por otro lado, la Alfalfa es rica en Cal y necesita, por tanto, de este elemento para su vida y la formación de sus tejidos. En terrenos pobres de Cal, aunque en general este hecho viene unido al de la acidez del suelo, es necesario recurrir también al encalado.

Esto suele ser conveniente cuando se trata de implantar la Alfalfa en terrenos de prados recién roturados, donde puede existir una gran cantidad de materia orgánica acumulada sin descomponerse. La humidificación de estos restos vegetales es favorecida y acelerada por la Cal.

La adición de cal debe hacerse como mínimo uno o dos meses antes de la siembra. Así, los gradeos repetidos mezclan la cal con la tierra y durante ese tiempo los gránulos de cal se disgregan y ésta se distribuye homogéneamente en el suelo. Un encalado muy próximo a la siembra podría inmovilizar los elementos nutritivos que la semilla precisa para su germinación.

## El abono fosfórico y potásico

La Alfalfa como quedó dicho anteriormente, es enormemente ávida de estos dos elementos. Conseguido un pH normal, un abonado Fosfo-potásico generoso será la base de un establecimiento sano, seguro y rápido.

Los abonos fosfóricos más comunes son el superfosfato de cal, el fosfato bicálcico y las escorias. El superfosfato es, sin duda, el más empleado por su abundancia y mejor precio en el mercado. El fosfato bicálcico tiene una mayor riqueza en fosfórico, lo que abarata los costos de transporte y distribución; es muy empleado en abonos complejos concentrados. Finalmente, las escorias deben utilizarse por su basicidad en suelos ácidos, a pesar de que la unidad de fosfórico sale en esta forma más cara y que su distribución resulta francamente engorrosa.

La forma más generalizada de abono potásico es el cloruro, por su mayor economicidad en comparación con el sulfato. La dosis a que estos abonos deben utilizarse depende de la riqueza del suelo en los correspondientes elementos fertilizantes y de la producción que espera alcanzarse.

Generalmente suele aplicarse este abonado de fondo quince días a un mes antes de la siembra, que esta forma los gradeos y la Dores últimas mezclan el abono con la capa superior del suelo de manera que quede homogéneamente distribuido. La aplicación se hace al voleo, bien a mano o por los métodos mecánicos de sobra conocidos. Cuando la siembra se realiza en líneas, cabe entonces al mismo tiempo aportar el abono, localizándolo en la misma línea donde se depositan las semillas. No deja de tener riesgos este sistema, ya que de algunos tipos de abonos se sabe que al estar en contacto directo con la semilla son capaces de hacerle perder sus facultades germinativas. Por ello es necesario que el abono quede localizado algo más profundo que la semilla y separado de esta por una capa de tierra.

## El abono nitrogenado y otros aportes

Hay quien recomienda la utilización de nitrógeno en la implantación de la Alfalfa, fundándose en que, en los primeros momentos tras la germinación, la plántula no posee aún nudosidades bacterianas suministradoras de nitrógeno. Conviene entonces hacer un aporte de este elemento con objeto de provocar un rápido crecimiento y establecimiento de las plantitas de Alfalfa.

Quienes han realizado un profundo estudio sobre esta cuestión, han llegado a las siguientes conclusiones.

- ✓ Dosis moderadas de nitrógeno a la siembra aceleran el crecimiento de las plántulas de Alfalfa.

- ✓ Dosis mayores de nitrógeno reducen el número de plantas por unidad de superficie y, consecuentemente, la producción en el año de la siembra.

- ✓ Las diferencias desaparecen al año siguiente de la siembra.

Puede pues, ser interesante en algunos casos cuando se precise un rápido establecimiento, por ejemplo, siembras hechas diariamente, terrenos donde sea de temer un agresivo rebrote de malas hierbas, etc. En cualquier caso, las dosis a emplear deben ser moderadas: de unos 25 a 30 kilos por hectárea de nitrógeno puro. Dada la finalidad de este aporte, la forma de fertilizante nitrogenado a utilizar será de los de acción inmediata, es decir, cualquier tipo de nitrato. Por tanto, puesto que estos abonos son con facilidad disueltos y arrastrados por el agua, ya sea de riego o de lluvia, deben ser aplicados en el mismo momento de la siembra.

En cuanto a otros elementos puede agregarse que se han obtenido aumentos de producción de aproximadamente un 15 % al agregar 30 kg/ha de bórax y 2 kg/ha de Molibdato.

José Ángel Pinzón Gómez

# Tratamiento de la semilla

## La inoculación

Al inocular se pretende facilitar la formación de nudosidades por la planta mediante la adición de cultivos" de Rhizobium, bien directamente al terreno, o impregnando la semilla previamente a la siembra.

En terrenos donde el género «Medicago» no existe en estado espontáneo ni se ha cultivado nunca con éxito la Alfalfa, se hace necesaria la inoculación para proveer a la planta del Rhizobium que precisa. Tal ocurre en países como Australia, nueva Zelanda y Sudáfrica, donde la inoculación es imprescindible.

La conveniencia de la inoculación se presenta mucho más cuestionable en aquellos suelos donde, existen ya colonias de Rhizobium, bien por cultivos anteriores de Alfalfa o por la abundancia de plantas espontáneas del mismos género, como por lo ejemplo la llamada entre nosotros «Amor Seco» LOS resultados que en estas condiciones se han obtenido y se citan en la literatura técnica de todo el mundo son francamente desconcertantes e imposibilitan llegar a conclusión o recomendación alguna, .LOS Rhizobium espontáneos que existen en el suelo se bastan para provocar un suficiente crecimiento en la recién sembrada Alfalfa. Por otro lado, se encuentran mejor adaptados a las condiciones de aquel medio concreto y, al competir con los añadidos de forma artificial, terminan venciendo y desplazándoles en su simbiosis con el vegetal.

De esta manera, parece explicarse el hecho de que el crecimiento de plántulas procedentes de semillas inoculadas es inicialmente mejor que el de las no inoculadas; diferencia que va amortiguándose, para desaparecer con el tiempo, queda en estos casos un amplio campo para investigar antes de dar recomendaciones al agricultor, para evitar que la inoculación, incrementando los gastos de siembra, no le reporte a la larga beneficio económico alguno.

La técnica de inoculación actualmente más difundida es la «Peletización» practicada en Australia, que consiste en revestir a la semilla previamente inoculada de una capa de carbonato cálcico. Esta capa externa de carbonato defiende a las bacterias de la posible acidez del suelo o del contacto directo con el abono. Al propio tiempo supone un encalado muy eficiente, puesto que se encuentra localizado junto a la semilla, aunque esta adición de cal en terrenos moderada o francamente ácidos es insuficiente y hay que complementarla con adiciones directas.

La «Peletizacion» puede ser realizada por los propios agricultores, ya que no reviste la menor complicación. El carbonato cálcico debe estar -finamente triturado, se precisa también goma arábiga, limpia y libre de Impurezas, finalmente, hay que prestar atención al adquirir el inocuo, de forma que corresponda al «Rhizobium Meliloti» específico de la Alfalfa y que esté en plena actividad. En este sentido, la edad y mala conservación "conviene almacenar el cultivo en nevera o lugar muy fresco" pueden inutilizar al inocuo.

Por cada 40-50 kilogramos de semilla a inocular se necesitan unos 200-400 gramos de goma arábiga, un litro de agua sin impurezas y unos 12-14- kilogramos de carbonato cálcico. En cuanto al inocuo, las casas o almacenes que lo venden dan ya la dosis de aplicación, que puede variar de unas carcas a otras.

El «Peletizado» puede hacerse paleando, pero cuando hay que hacerlo a una cantidad importante de semilla, entonces conviene contar con un mezclador, un tambor para desinfección de semillas puede hacer las veces de mesclador, siempre que esté perfectamente limpio de producto fitosanitario que pueda perjudicar la viabilidad de las bacterias.

Se disuelve la goma arábiga en agua caliente, dejando que se enfríe, ya que la temperatura también puede perjudicar la vida del inocuo, se añade al cultivo de Rhizobium agitando e inmediatamente se mojan las semillas paleándolas u operando él mezclador, una vez que todas las semillas han sido bien empapadas, se añade el carbonato cálcico, removiendo las semillas enérgicamente. Al cabo de uno minutos, el granulo ha quedado formado.

Si se han mezclado las cantidades correctas de los distintos materiales, los gránulos deben estar perfectamente sueltos, un exceso de goma arábiga o defecto de carbonato provoca el que se unan unos gránulos a otros, aglomerándose y presentando dificultades para una correcta distribución al sembrar. De esta manera, la semilla «Peletizada» viene a pesar aproximadamente un 50% más que la semilla original. Aunque la semilla aumenta ligeramente de volumen, puede sembrarse perfectamente con las mismas máquinas o sistema empleado.

## Tratamientos **fitosanitarios**

Para evitar la aparición de ciertas enfermedades que puedan hacer difícil el establecimiento del Alfalfar, cabe trata la semilla con algún fungicida. En este sentido, el Captano y la Tetraclorobenzoquinona dan excelentes resultados. Ni que decir tiene que estos tratamientos son incompatibles con la práctica de la inoculación; por tanto, se prescindirá de ellos cuando se utilice semilla «Peletilizada». Por ello también, se evitarán los fungicidas organometálicos, que pueden perjudicar sensible mente la germinación y nodulación.

En terrenos infectados de nematodos «Ditylenchus Dipsaci»; deben fumigarse las semillas con bromuro de metilo, que no afecta para nada el desarrollo de las plántulas. Esto solo se hará necesario en terrenos húmedos donde se haya cultivado la Alfalfa repetidamente.

## Método de siembra

Puede sembrarse la Alfalfa, bien al voleo o bien en líneas, Ambos métodos tienen sus ventajas.

En la *siembra a voleo*, la semilla es distribuida en forma homogénea por toda la parcela, presentando los siguientes puntos a su favor:

- ✓ Se consigue una mayor densidad de planta con una mejor cobertura del terreno. Así se logra un aprovechamiento más exhaustivo del agua y de los elementos fertilizantes del suelo. La superficie desprovista de plantas es menor y, por tanto, mejor utilizada esta fuente de energía necesaria para las actividades fotosintéticas del vegetal.

- ✓ Esta mejor ocupación del terreno por la Alfalfa

permite una mayor competencia contra las malas hierbas, cuya aparición es de esta manera frenada.

✓ Normalmente, los procedimientos de siembra a voleo suelen ser más repetidos y baratos.

La **siembra en líneas** tiene por su parte también ventajas que deben ser cuidadosamente sopesadas en cada caso. Actualmente, quizá sea este el método más preconizado por los científicos, aunque todavía poco puesto en práctica por los agricultores.

✓ Permite un ahorro de semilla de un 20 a un 40 por 100. En siembras para la producción de semilla donde conviene distanciar más las líneas, este ahorro es aún superior.

✓ Economiza el agua disponible en el suelo.

✓ Es cierto que queda entre las líneas terreno libre donde las malas hierbas pueden aparecer ensuciando el cultivo; sin embargo, pueden darse labores de limpieza entre líneas que al mismo tiempo ayudan

✓ a mejorar la conservación del agua del suelo.

✓ Es el procedimiento más idóneo para la producción de semilla. Se reduce la competencia entre las plantas.

## Técnica de siembra

La profundidad a que la semilla se deposite y la presión con que se tape deben acomodarse a las características del suelo. En principio, cuanto más profunda esté la semilla, más cerca se encuentra de la humedad y, por tanto, en mejores condiciones de germinación. Pero al germinar la planta va viviendo y formando sus tejidos a expensas de sus reservas acumuladas en el albumen. Dada la pequeñez de la semilla de Alfalfa, y, por tanto, el limitado contenido de su albumen gastará sus reservas y morirá antes de llegar a la superficie del suelo si se entierra excesivamente. Esto se agrava en los terrenos pesados y compactos, donde le cuesta al tallito gran esfuerzo atravesar las sucesivas capas del suelo.

También una fuerte presión al tapar la semilla provoca un rápido ascenso del agua existente en el suelo y favorece así su germinación. Sin embargo, esta presión elevada puede apelmazar los terrenos pesados, formando una costra tal que impida la emergencia de las plantitas

En resumen, cabe, pues, aconsejar lo siguiente:

|  | Terrenos pesados | Terrenos ligeros o arenosos |
|---|---|---|
| Profundidad de siembra | 1,2 - 5 cm | 2.5 cm |
| Presión al tapar la semilla | Ligera | Fuerte |

Un sistema un tanto empírico, pero muy práctico, cuando se trata de sembrar en línea y que viene siendo utilizado por pequeños cultivadores con muy buenos resultados y no menos economía de semilla, es el de sembrar a mano, utilizando una botella de litro donde envasan gaseosas, provista de su respectiva tapa metálica, a la cual se le hace un agujero, por donde sale un determinado número de semillas, al invertir la botella en un movimiento rápido, acorde con la distancia entre mata y mata que se desee aplicar en cada hilera.

El cultivo en línea disminuye la competencia por luz entre las plantas, también se facilita su aireación en toda la parte aérea, con lo que se evitan numerosas enfermedades y se favorece el entallado. Algunos investigadores recomienda incluso el aclareo dentro de cada línea de siembra para reducir la competencia intraespecífica a un mínimo. Esta disposición en líneas permite dar labores en bien para controlar la vegetación espontánea y conservar mejor la humedad edáfica. A1 realizar tratamientos fitosanitarios, las plantas son así fácilmente alcanzadas por el producto con un mínimo gastos de este. La distancia entre líneas debe ser de unos 40 a 60 cm, medidos en la base.

**El riego de la Alfalfa**

Si bien es cierto que la Alfalfa es planta capaz de tolerar prolongadas épocas de sequía, merced a sus profundas raíces, no produce en tales condiciones los altos rendimientos de los que es capaz, para alcanzar las máximas producciones se hace preciso poner agua a su disposición en los momentos en que la presente en el suelo empieza a escasear y así puede limitar el crecimiento de la planta.

Las necesidades de riego dependen, como es bien sabido, de las condiciones de clima y suelo. Concretamente, la profundidad y el poder retentivo del terreno condicionan no solo la cantidad de agua a suministrar a lo largo del año, sino también la frecuencia y dotación de los riegos.

En efecto, un terreno muy profundo tiene una gran capacidad de almacenamiento; por lo tanto, puede recibir riegos más generosos en la seguridad de que el agua quedará allí reservada a disposición del vegetal.

Consecuentemente, los riegos serán más espaciados, pues este mayor volumen del agua le permitirá a la planta crecer durante un más largo período, sin necesidad de nuevas adiciones.

De análoga forma, un suelo con escaso poder retentivo deberá recibir cortos y frecuentes riegos, pues de lo contrario el agua drenaría y se perdería, sin beneficio alguno para el cultivo.

En resumen, suelos profundos y de buen poder retentivo requieren riegos importantes y algo distanciados. Terrenos superficiales y arenosos precisan riegos repetidos y escasa dotación. Fijadas estas líneas generales, conviene, sin embargo, no excederse suministrando agua por encima de las necesidades estrictas del vegetal para alcanzar un máximo de producción, un efecto, un exceso de agua, si el terreno no está pre_ parado de forma qué pueda ser eliminado con facilidad, puede causar graves perjuicios al cultivo al estancarse, tero aún en el caso de que el terreno, por su naturaleza, topografía o disposición se conserve sano, eliminándose con facilidad el exceso de humedad, no deja de ser un gasto inútil, no solo en este elemento, sino en la mano de obra precisa para su aplicación.

## La floración

A este efecto estacional sobre el crecimiento vegetativo de las plantas y la acumulación de reservas, se solapa el debido a su desarrollo.

Después de pasados los fríos del invierno, al alargarse la duración de los días, la planta florece y, si se le permite, fructifica. Hay como una movilización general de las reservas acumuladas en las raíces hacia las partes aéreas, para formar debidamente los frutos y semillas que perpetuarán la especie.

Esta es una razón más para que al llegar la primavera las reservas acu muladas disminuyan sensiblemente. La Alfalfa florece a lo largo de todo el verano y, por lo tanto, el fenómeno se repite sucesivamente.

# El crecimiento de la Alfalfa

## El rebrote tras el corte

En una parcela de Alfalfa de densidad normal, cuando las plantas han alcanzado un cierto tamaño, el suelo se encuentra completamente cubierto. La luz solar no ilumina la tierra bajo el follaje. La gran masa de aojas y tallos verdes lo impiden, absorbiendo prácticamente el cien por ciento de la radiación. La luz es así utilizada en su totalidad y la asimilación es máxima.

¿Qué ocurre al segar? Se le retira a la planta la mayoría de su parte aérea. Quedan únicamente unas porciones más o menos altas, según la altura de corte, de los tallos acompañados de una cierta cantidad de hojas.

pero el área foliar es escasa, ya que en la planta las hojas tienden a situarse en las partes altas, que son justamente las que se han retirado al guadañar.

El suelo queda en gran proporción desnudo y buena parte de la radiación solar es desaprovechada al perderse sin tocar superficie verde alguna.

Las escasas hojas que quedan al vegetal son insuficientes para sintetizar material con que atender las necesidades respiratorias y las correspondientes al rebrote, por eso moviliza sus reservas con las que

47

complementar la reducida asimilación y así acelerar el rebrote. Este rebrote supondrá más rápida emisión de hojas, con lo que la capacidad fotosintética de la planta se aumenta a gran ritmo. Pronto, el vegetal no necesita ya de sus reservas para seguir creciendo, e incluso comienza a reponerlas.

Por eso, el nivel de reservas desciende drásticamente tras el corte, para irse recuperando posteriormente, al tiempo que la planta va desarrollando sus tejidos verdes.

El proceso se repite cuantas veces la Alfalfa sea segada a lo largo de a estación de crecimiento. Si los cortes se realizan muy seguidos, entonces la planta no tiene tiempo, entre dos consecutivos, de recuperar el nivel de reservas precedente, por eso, cuanto más frecuentes sean las siegas, las reservas son menores, *y* si se rebasan ciertos límites puede empobrecerse la planta de tal manera que llegue a morir.

Es lógico, pues, que la rapidez en el rebrote sea proporcional a la movilización de las reservas y, por tanto, el nivel de estas. En otras palabras, una planta con gran cantidad de polisacáridos acumulados en sus raíces puede transformarlos rápidamente en tallos y hojas con lo que multiplicar su capacidad fotosintética.

Podría erróneamente concluirse que, dejando de tras de un corte crecer la Alfalfa durante un muy prolongado período, las reservas aumentarían incesantemente. Por el contrario, sí un Alfalfar vegeta intempestivamente, ocurre un momento en que, por la gran masa de forraje formada, es partes bajas de la planta quedan sombreadas y en oscuridad. Las hojas tallos en esas zonas amarillean, mueren y se pudren, fomentado todo ello por el Microclima húmedo y enrarecido que allí se produce. Al dejarse florecer la

Alfalfa tiene lugar esa movilización de reservas a que antes nos referimos, con el consiguiente empobrecimiento de la planta.

Finalmente, una vez cubierto el suelo totalmente por la vegetación, la cantidad de materia orgánica sintetizada diariamente permanece constante, dado que, se está utilizando el cien por cien de la luz que cae sobre el terreno Por supuesto, las parte verdes de la planta que puedan en sombra no fotosintetizan en absoluto. En cambio, la masa vegetal es cada vez más abundante y voluminosa; por tanto, sus necesidades respiratorias, proporciona es a esa masa, son cada vez mayores.

De todo ello resulta que la materia orgánica sintetizada y que puede destinarse a la creación de nuevos tejidos y reservas va mermándose, al permanecer constante el ingreso "fotosíntesis" y aumentar la salida "respiración".

## Fisiología del crecimiento

Las plantas verdes son unos maravillosos laboratorios donde se fabrican increíbles cantidades de materia orgánica. La clorofila es la sustancia de complicada estructura química capaz de, al recibir la luz solar, generar energía, empleada luego en la síntesis de azúcares, partiendo del anhidrido carbónico atmosférico, la luz que incide sobre las partes verdes y el aire que circunda la planta son los materiales que el vegetal utiliza para su actividad fotosintética. Resulta evidente que a mayor cantidad de tejidos verdes bajo la luz, mayor será la materia orgánica fabricada por la planta.

Estos azúcares formados por la planta pueden tener

tres distintos destinos:

✓ Material de combustión para mantener las funciones respiratorias del vegetal. Todos los tejidos vivos de la planta necesitan, paras mantener su actividad vital, quemar estos azúcares como fuente de energía. Estas necesidades serán, pues, proporcionales a la masa del vegetal, incluyendo en ello tanto hojas como tallos y raíces.

✓ la construcción de nuevos tejidos estructurales, aumentando la cantidad de hojas, tallos y raíces de la planta.

✓ Almacenando estas sustancias en forma de polisacáridos, Este almacenamiento, en el caso de la Alfalfa, tiene lugar en la base de los tallos, pero fundamentalmente en las coronas y las raíces de la planta. Estas reservas están constituidas preferentemente por azúcares y fructosanas.

La proporción según la cual los hidratos de carbono sintetizados son distribuidos entre estas tres finalidades, depende de la cantidad total foto sintetizada y de las condiciones del medio.

## Factores limitantes de la fotosíntesis y el crecimiento vegetal

Tres son los factores de medio que determinan la asimilación vegetal: la **luz, la temperatura y la concentración de anhidrido carbónico.**

1. La asimilación aumenta al incrementarse la radiación, pero se sobrepasa un cierto valor por

encima del que los valores de la fotosíntesis permanecen estables.

2. El anhidrido carbónico, cuando se presenta en muy baja concentración, actúa como factor limitante de la asimilación, frenándola, aunque se mejoren las condiciones de luz y temperatura.

3. La temperatura, factor acelerante de tocos los procesos biológicos, activa la fotosíntesis, siempre que los otros factores no se encuentren presentes a tan bajos niveles que actúen como limitantes.

Ya en condiciones prácticas hay un factor de gran importancia. Se trata del número de horas de luz y su relación al de oscuridad. Téngase en cuenta qué durante el día la planta está asimilando, mientras que respira día y noche. Estos hidratos de carbono quemados en la respiración no son de utilidad agrícola. Por ello interesa estudiar la distribución del material Fotosintetizado entre los tres destinados anteriormente apuntados, respira nuevos tejidos estructurales "la única parte rentable en términos agrícolas" y las reservas.

José Ángel Pinzón Gómez

# Composición Química

## Forraje

El gran interés de la Alfalfa reside no solo en su capacidad de adaptación, facilidad de cultivo y como enriquecedora del suelo, sino paralelamente por las importantes características del forraje que produce.

En el cuadro siguiente se dan las composiciones medias de un forraje de Alfalfa en comparación con las de un maíz forrajero y dos granos pienso, como el maíz "cereal" y las habas "leguminosa", a título de ejemplo. Destaca sobremanera la elevada riqueza proteica de la Alfalfa, muy superior al maíz, tanto forrajero como grano, y comparable a la de las habas, refiriéndonos en estos dos últimos casos a la materia seca.

|  | Alfalfa verde | Maíz forrajero | Maíz grano | Habas grano |
|---|---|---|---|---|
| Sustancia seca | 19,9 | 17,2 | 87,4 | 89,1 |
| Proteína bruta | 5,6 | 1,0 | 10,4 | 25,8 |
| Grasa bruta | 0,8 | 0,4 | 4,5 | 1,1 |
| Extracto nitrogenado | 7,2 | 8,9 | 68,1 | 50,6 |
| Fibra bruta | 4,4 | 5,0 | 2,9 | 8,3 |
| Cenizas | 1,9 | 1,5 | 1,5 | 3,3 |

La Alfalfa esta escasamente dotada en la fracción denominada **extracto no nitrogenado**; en otras palabras, es un forraje relativamente pobre en energía. Finalmente es una excelente fuente de minerales.

Fijemos la atención en la fracción, principal causa del gran interés de la Alfalfa como productora de forrajes. La **proteína bruta**. Se conoce como **proteína bruta** una fracción teórica que se contiene multiplicando por el coeficiente 6,25 la cantidad total de nitrógeno. El procedimiento *KJELDHAL* de análisis permite dosificar en forma amoniacal todo el nitrógeno que, constituyendo parte de sustancias orgánicas e inorgánicas, está presente en una muestra. Se toma como proteína de referencia aquella que en su molécula contenga un 16% de nitrógeno. Por ello, para estimar la cantidad de nitrógeno total en granos de proteína de referencia, habrá que multiplicar aquella por el coeficiente.

$$\frac{100}{16} = 6,25$$

Ni que decir tiene que esta fracción que se denomina proteína bruta, incluye sustancias de muy diversas características, tanto proteicas como amídicas, etc.

Es abundante, hasta un 30 por 100, la parte de la fracción nitrogenada no proteica. Como es bien sabido, esta parte puede ser utilizada por los rumiantes gracias a las transformaciones que dichas sustancias sufren en la panza de estos animales.

## Constitución de la fracción nitrogenada de la Alfalfa

| Constituyente | Porcentaje |
|---|---|
| Arginina | 0,80 |
| Histidina | 0,54 |
| Isoleucina | 0,99 |
| Leucina | 1,73 |
| Lisina | 0,96 |
| Metionina | 0,64 |
| Fenilalanina | 1,23 |
| Treonina | 0,95 |
| triptófano | 0,35 |
| Valina | 1,28 |
| Aminoácidos no esenciales | 9,73 |
| Amoniaco | 0,50 |

La proteína de la Alfalfa es altamente soluble. De ahí que pueda ser excelentemente utilizada por los monogástricos. En cambio, la flora rumial de los rumiantes fracciona con facilidad estas proteínas solubles, llevándolas hasta formas amoniacales, que son directamente eliminadas por la orina, sin ser entonces aprovechadas por el animal.

Es especialmente interesante distinguir las composiciones de la hoja y el tallo de la planta de Alfalfa. Así como el tallo es poco más rico en proteína que el maíz forrajero, las hojas tienen un contenido especialmente alto, no solo en la fracción nitrogenada, sino también en grasa, extracto no nitrogenado y cenizas. Por el contrario, el tallo tiene tres veces más fibra que las hojas. Es decir, el forraje de Alfalfa se compone de una cierta proporción de hojas "alta calidad" y de tallos "baja calidad". Es lógico que al variar esta proporción lo haga consecuencialmente la calidad del forraje.

## composición química de la materia seca de hojas y tallos

|  | Hojas | Tallos |
|---|---|---|
| Proteína bruta | 24,0 | 10,7 |
| Grasa bruta | 3,1 | 1,3 |
| Extracto no nitrogenado | 45,8 | 37,3 |
| Fibra bruta | 16,4 | 44,4 |
| Cenizas | 10,7 | 6,3 |

La relación hoja a tallo varía según el momento reproductivo en que la planta se encuentre. Las hojas son más abundantes en la fase vegetativa. Consecuentemente, y de acuerdo con lo que antes viene de exponerse, va disminuyendo la riqueza proteica del forraje y, por extensión, su calidad. A veces el agricultor- deja crecer el Alfalfar mucho, creyendo así falsamente recoger una mayor cosecha. Si bien esto es cierto en lo que se refiere a cantidad total del forraje, la calidad desciende de tal manera que al final cosecha una cantidad inferior de unidades alimenticias por unidad de superficie.

## La producción de hoja y la riqueza nitrogenada del forraje

| Momento vegetativo | Hojas materia seca % | Proteína materia seca % |
|---|---|---|
| Rebrotes tiernos | 63,2 | 29,4 |
| Antes de las yemas florales | 46,7 | 20,0 |
| Apertura de las yemas florales | 43,1 | 17,5 |
| Inicio de la floración | 39,6 | 16,9 |
| Floración | 33,7 | 15,0 |

El forraje de la Alfalfa tiene un alto contenido en cenizas, es decir en compuestos minerales. En el cuadro siguiente se relacionan las riquezas medias en porcentajes de la materia seca del forraje de Alfalfa en los más importantes elementos minerales. Paralelamente, se relacionan las necesidades medias del ganado en los mismos elementos.

## Los minerales en el forraje de la Alfalfa

| Elemento mineral | Ración % | Forraje % |
|---|---|---|
| Calcio | 1 | 1,64 |
| Fosforo | 0,15 | 0,26 |
| Potasio | 0,25 | 1,77 |
| Magnesio | 0,06 | 0,32 |
| Hierro | 0,002 | 0,024 |
| Azufre | 0,1 | |
| Sodio | 0,15 | 0,16 |
| Cloro | 0,08 | 0,28 |

En general, puede concluirse que una ración a base de Alfalfa satisfaría plenamente las necesidades nutritivas del ganado en minerales. Sin embargo, conviene dar especial énfasis a la riqueza en algunos elementos concretos, las necesidades en **Calcio** son importantes en animales en crecimiento activo o en lactancia; pero la Alfalfa tiene una riqueza muy alta en dicho elemento, puede incluso llegar a ser de un 3% en caso extremo. Depende mucho 8 la dosificación del Calcio en el suelo. También el **Potasio** se encuentran proporción más alta de lo que estrictamente se precisa.

Mas ajustado se encuentra el **Fosforo**, aunque, como ya se ha visto al hablar del abonado, la riqueza en este elemento responde muy sensiblemente al abonado, de tal manera, que ello puede utilizarse como síntomaal detectar la deficiente La de este elemento en el suelo.

Resumiendo, puede también afirmarse el gran interés de la

Alfalfa por su riqueza en minerales para la alimentación animal.

Con todo, el forraje de Alfalfa es especialmente reconocido por ser fuente excepcional de algunas vitaminas. La Vitamina "A", de gran importancia, regula numerosas funciones en el organismo animal. El **Caroteno** es una provitamina de la vitamina "A.". Se encuentra en todos los forrajes verdes y muy particularmente en el de Alfalfa. Los animales son capaces de almacenar vitamina "A" y caroteno en el hígado. Por ello, la deficiencia en esta vitamina deja sentirse únicamente en animales estabulados durante un largo período. Esta vitamina es fácilmente oxidada y destruida, las pérdidas en henos expuestos durante mucho tiempo al aire y al sol suelen ser importantes. En la Alfalfa deshidratada adecuadamente, puede conservarse prácticamente la totalidad del caroteno.

La flora rumial es capaz de sintetizar las distintas vitaminas del grupo. Por ello, los rumiantes no precisan de suministro externo de estos principios. No así los monogástricos, para los que resulta muy indicada la dosificación en sus piensos de harina de Alfalfa deshidratada, bien dotada en estas vitaminas y especialmente de **ácido Canto Tánico, ácido Fólico, Tiamina** y **Riboflavina.**
El **ácido Ascórbico** o vitamina "C se encuentra presente en no despreciables proporciones en la Alfalfa. Sin embargo, es fácilmente destruido por la temperatura y por la luz, por cuya razón, tanto la Alfalfa deshidratada como el heno contienen limitadas cantidades de dicho elemento.

La **Vitamina "D"**, o factor antirraquítico, regula la asimilación del **Calcio** y el **Fosforo** por el animal. Esta vitamina se forma por irradiación con rayos ultravioletas del **ergosterol**, Por ello, los animales en pastoreo sometidos directamente a la radiación solar sufren dicha transformación en sus cuerpos. Como consecuencia, no precisan de suministro complementario de vitamina "D". El forraje verde es pobre en este elemento, pero sometido a la luz solar transforma el **ergosterol** en **vitamina "D"**, enriqueciéndose de esta manera. Por tanto, el heno de Alfalfa, cuando se realiza bajo buenas condiciones meteorológicas, constituye una buena fuente de **Vitamina "D"** para los animales estabulados.

La **Vitamina "E"** está relacionada, principalmente, con los procesos de la reproducción. La Alfalfa es muy rica en dicha vitamina, pero también lo son los cereales, forrajes y pastos en general, por lo que en ganado normalmente alimentado no suele este elemento constituir ningún problema.

La **Vitamina "K"**, finalmente, al igual que las del grupo **B**, es sintetizada por la panza de los rumiantes. Es preciso, sin embargo, tenerla en cuenta en el racionamiento de las aves. Los forrajes verdes o adecuadamente deseados se considerar como buenas fuentes de suministro de **vitamina "K"**. 2 adición a una ración para aves de 1% a 2% de buena harina de alfalfa asegura el suministro de este elemento.

## Ritmo de explotación

De todo lo anterior en cuanto a crecimiento de la Alfalfa, producción de forraje y calidad de este, se hace necesario establecer un cierto ritmo de explotación o calendario de siegas que permita obtener el máximo de unidades alimenticias de un Alfalfar cada año y a lo largo de su vida. No debe olvidarse este último aspecto, que permite disminuir los gastos de cultivo, extendiendo la explotación a un largo número de años. La conservación de la «salud» de la parcela es de un interés primordial. Desgraciadamente, muchos agricultores hacen caso omiso de ello, pretendiendo avariciosamente obtener la máxima rentabilidad de su Alfalfar en el primer año y no cayendo en cuenta que acortan la vida de su cultivo, en perjuicio propio.

Los objetivos para perseguir al marcar un cierto ritmo de explotación deben ser los siguientes:

- Mantener un nivel de reservas en raíces y coronas elevado, permitiendo que se recuperen tras el corte.
- Conseguir un máximo de producción de forraje.
- Conseguir una calidad de forraje elevada.

La cantidad máxima de forraje se consigue cuando la parcela está aprovechando la luz al máximo. Es decir, los rayos solares no caen al suelo, sino que son interceptados por una u otra superficie verde del vegetal. Esto es fácil de detectar, porque a partir de este momento puede fácilmente observarse el amarilleamiento de las bases de las plantas -y de las hojas que en ella se encuentran.

Por todo ello, puede recomendarse segar cuando la Alfalfa inicie la floración "un 10% de las plantas presentan flores", o bien cuando, separada dos plantas, se aprecian ciertos síntomas de clorosis en la base de estas. En la práctica, ambos criterios suelen coincidir muy frecuentemente.

La altura optima de corte entre 2,5 y 5 centímetros, mientras que en -cuanto a frecuencias no debe en ningún caso segarse la Alfalfa antes de los veinticinco días posteriores al corte anterior.

Guiándose por lo que la propia «Alfalfa vaya diciendo», se consiguen mejores resultados que pensando en un número de días o en fechas concretas y rígidas. En efecto, el ritmo de crecimiento, al que ineludible mente una buena explotación debe ceñirse, varía a lo largo de la estación, de año a año y de parcela a parcela, incluso dentro de una misma finca. Por eso conviene dejarse llevar por la apariencia de la propia planta.

## La desecación artificial

El grado máximo de la industrialización de la Alfalfa, lo constituye el proceso de la deshidratación.

En la preparación del forraje ha y que tener en cuenta dos puntos sustanciales:

- El grado de picado y dilaceración favorece la desecación al abrir una mayor cantidad de "ventanas" por donde eliminar la humedad.
- Cuanto mayor sea el contenido de materia seca del forraje al entrar en la deshidratadora, más bajos resultarán los costos de desecación al reducir la cantidad de agua a eliminar por kilogramo de producto.

Por ello, el diseño de un tren de recolección habrá de hacerse con el fin de obtener un forraje lo más fraccionado posible y, si puede hacerse compatible, permitir una evaporación previa de la Alfalfa.

El picado puede ejecutarse a la entrada de la fábrica, con lo que todo el material queda preparado homogéneamente.

El método discontinuo fue el primero utilizado. Por supuesto, hoy se encuentra completamente abandonado por su falta de eficiencia en relación con lo caro del equipo y las fuertes necesidades de mano de obra. Consistía esquemáticamente en una serie de bandejas, con el fondo permeable al aire, que se situaban en una cámara, a través de la cual se hacía pasar una corriente de aire caliente y seco.

En proceso de conseguir la continuar, se adoptó la solución de transportar el forraje mediante una cinta en sentido contrario a una corriente de aire seco, que incidía directamente sobre el material bien troceado.

En las instalaciones modernas, el forraje picado entra a un tambor giratorio. Por él avanza, en sentido contrario a un chorro de aire caliente insuflado. Interiormente, en este cilindro hay una serie de dispositivos que, discriminadamente, acelera el avance de las partículas más pequeñas, mientras que retrasa el de las de mayor tamaño, que evidentemente necesitan una más prolongada permanencia en el interior del cilindro para su completa desecación. A continuación, el forraje entra en la fase de transporte, que efectuándose por medio neumáticos coopera a la final deshidratación del producto. Una torre de separación permite retirar aquellos solidos que pueden constituir un impedimento de la fase alguien te que es la molienda. Asimismo, las partículas no bien desecadas en su primer paso por el cilindro son retornadas para sufrir una segunda deshidratación. Después de su paso por un cilindro, el producto deshidratado, pero formado por partículas de distintos tamaños, cae en los molinos.

Aquí se completa el proceso de deshidratación propiamente dicho. A partir de aquí, todo se reduce a acondicionar el producto de tal manera que se mejoren sus condiciones de conservación, se abarate su almacenamiento y se facilite su manejo.

## La deshidratación

La utilización frecuente de tan sofisticado y costoso proceso solamente se justifica por dos hechos: la conveniencia de conservar un producto de tan favorables composiciones y riqueza como el forraje de Alfalfa con un mínimo de pérdida ver más adelante "Cambios químicos en el proceso" la necesidad de aprovecharle en condiciones de clima desfavorables.

Para cubrir ambos objetivos es necesario conseguir un producto de alta calidad, si se quiere hacer todo ello compatible con la rentabilidad de una técnica que implica por sí misma mayores costos. Debe concederse una gran atención a la calidad y características del producto al entrar en fabrica y a las condiciones a que se somete durante su paso por las distintas fases del proceso.

Aunque durante la recolección en el campo y la preparación del forraje «picado, dislacerado, etc.» se haya homogeneizado la masa sensiblemente, no puede llegar a conseguirse totalmente. En efecto los tejidos que forman las hojas son radicalmente distintos a los que forman los tallos.

La relación superficie es radicalmente distinta. De manera que, aun sometidos a un profuso picado, la velocidad de evaporación será muy distinta en un caso que en otro "hojas o tallos", incluso bajo las mismas condiciones de temperatura. Desde luego que esta dificultad queda paliada con los tratamientos previos a la deshidratación. Aun así, es preciso el establecimiento de circuitos de retorno que obligan a permanecer durante más tiempo, bajo las condiciones del ciclo de desecado, a aquéllas partículas que por no haberlo sido satisfactoriamente, presentan una mayor densidad.

Sin embargo, un más importante condicionante de las características de deshidratación lo constituye la cantidad y tipo de agua que el forraje posee y ha de ser eliminada. De ahí que el análisis de la tasa de humedad del forraje, por medio más o menos rápidos y automáticos, sea fundamental en la programación del desecado.

El forraje va impregnado de una cierta cantidad de agua periférica que ha adquirido por lluvia, riego o rocío. Además de las condiciones atmosféricas, la relación superficie a volumen influye notablemente en esta cantidad de agua periférica que un forraje presenta, ya que cuando más extensa sea la superficie, mayor la posibilidad de adherirse el agua. Por eso, a igualdad de otras condiciones, las

Alfalfas con mayor proporción de hojas contienen más agua periférica.

El agua interna puede encontrarse ce forma libre en las soluciones y jugos de la planta, o bien ligada, formando parte de moléculas más complicadas.

La eliminación del agua periférica es relativamente fácil, dado que se encuentra al exterior y el calor de evaporación que se necesita para ello es mínimo. Del agua interna hay que cuidar en actual discriminatoriamente sobre la fracción libre, ya que, si el desecado llega a movilizar parte de la ligada, esto significaría modificar la propia composición química del producto y, por tanto, su calidad. En resumen, mediante la deshidratación es preciso conseguir la eliminación total del agua periférica y de la interna libre, sin modificar para nada la interna ligada.

Como anteriormente se dijo, aparte de la humedad total, la proporción entré periférica e interna condiciona el programa de deshidratación en sus dos características fundamentales; temperatura y tiempo de estancia en forraje en el tambor. Cuando la proporción de agua interna es alta, convendrá prolongar el desecado a temperaturas moderadas. En cambio, si la que predomina es la interna, interesará disminuir la duración del tratamiento en el tambor a base de elevar al máximo la temperatura.

En cualquier caso, es preciso no prolongar el tiempo de deshidratación excesivamente para preservar la pérdida del agua ligada, hecho que afectaría lamentablemente a la calidad del producto. Por otro lado, temperaturas demasiado elevadas dan lugar en ocasiones a la formación de unas capas resecas que, rodeando a las partículas, dificultan, la transferencia de vapor desde el interior de estas y son causa de una deshidratación incompleta.

## Presentación del producto

Después de la deshidratación, el producto pasa a la fase de molienda. A veces interesa conseguir un producto de máxima calidad., la llamada harina de hoja de Alfalfa. En realidad, esto se consigue, antes de la molienda, frotando y haciendo avanzar el forraje previamente deshidratado por un cilindro de paredes de malla. La parte que queda en el interior es la fibrosa y de inferior calidad. La fracción que atraviesa las paredes del cilindro es de máxima calidad y contiene la mayor parte de las hojas y o más tierno de los tallos.

A La salida de los molinos la harina está a una temperatura aún bastante elevada, que favorece cuantos cambios químicos resultan en deterioro de la calidad del producto. Por eso es preciso proceder inmediatamente a enfriar la harina.

Uno de los más graves problemas con que se enfrenta esta industria es la heterogeneidad del forraje, que, en consecuencia, pasa también al producto deshidratado. Por tanto, debe procurarse homogeneizar este producto antes de presentarse al mercado. Para ello, cabe mezclar harinas de distintas clases antes de ensacar o granular.

La Alfalfa deshidratada se presenta en forma de harina o gránulos. El gránulo tiene la ventaja de ocupar menos espacio en el Almacén, ofrecer mejores condiciones de conservación y ser aprovechado en forma más completa por los animales. Para poder granular la harina después de la molienda es preciso proceder a un ligero humedecido. La harina está tan seca que no se consigue aglomerar. El tamaño del granulo es distinto, depende del tipo de ganado a que se destine, La prensa para el granulado consiste, dicho en pocas palabras, en un cilindro que comprime la masa de harina humedecida contra una plancha en la que se han hecho uno oficios que son las que dan la forma al granulo.

Por ser el caroteno elemento de gran interés en la harina de Alfalfa, al mismo tiempo que enormemente lábil, en particular a la oxidación, preocupa la conservación de este durante el almacenamiento del producto. Una manera de solucionarlo es la ocupación de silos con atmosfera inerte. Al eliminar la presencia de oxígeno quedan impedidos todos los productos oxidativos. Esta instalación es, sin embargo, cara y no se encuentra aún muy extendida en otros Países.

Un procedimiento que es más económico consiste en la adición de productos antioxidantes previamente al ensacado o almacenado. El Etoxiquín es uno de esos productos comerciales, actualmente muy utilizado. Cuando se trata de productos de alta calidad y valor, tales como la harina de hoja de Alfalfa, adicionan antioxidantes en combinación, incluso con el almacenamiento atmosfera inerte.

El procedimiento del granulado sirve también indirectamente para frenar los procesos oxidativos, dado que ello trae consigo una eliminación casi total del aire y, por tanto, del oxígeno. Algo análogo, aunque no tan complejo, se consigue con la eliminación del aire del interior del saco y la paralela compresión del producto al introducirse en el mismo, al propio tiempo se reduce la necesidad de saquerío y de Almacén.

La luz actúa como catalizador en toda la oxidación, por lo que se recomienda e las paredes del Almacén estén pintadas de color oscuro, e incluso negro. Especialmente si se trata de almacenar la Alfalfa deshidratada a granel o en sacos de plástico transparente. Asimismo, evitando ventanas, huecos puertas, se reduce la circulación de aire en el interior y. en consecuencia, la presencia de grandes

La Alfalfa su cultivo y su aplicación en la Industria

cantidades de oxígeno en contacto con el producto.

Es de recalcar la bondad del método para conservar la digestibilidad de la proteína y, especialmente, la potencialidad en vitamina A «contenido en caroteno». En este sentido, la temperatura de deshidratación no afecta de forma sustancial la digestibilidad de la proteína. En cambio, cuanto más alta sea, mayor es el contenido en caroteno del producto obtenido. Cosa lógica si se tiene en cuenta que el caroteno se destruye por oxidación, fenómeno que se reduce al acortar el período de desecación utilizando una mayor temperatura.

Anteriormente, ya se han citado varios procedimientos para frenar y reducir la oxidación de la provitamina A. En el cuadro siguiente, puede observarse como la harina de Alfalfa expuesta a una atmosfera normal pierde hasta una cuarta parte de su caroteno al mes de almacenamiento y queda reducida a un 60% de su contenido inicial a los cuatro meses escasos. En cambio, cuando el oxígeno de la atmosfera del silo o almacén se disminuye por debajo del 5.3 %, se consigue una conservación casi total.

| % de oxígeno en la atmosfera del silo | Días de almacenamiento | | | |
|---|---|---|---|---|
| | 28 | 58 | 85 | 112 |
| 0,3 | 98 | 97 | 96 | ? |
| 3,0 | 91 | 93 | 91 | 90 |
| 5,3 | 94 | 92 | 90 | S7 |
| Aire normal | 76 | 67 | 65 | 61 |

Una alternativa a este procedimiento tan costo de instalación es la adicción de antioxidantes. El granulado de la harina supone ya una notable ayuda, dado que se reduce la superficie de contacto con la atmosfera por unidad de volumen. Esta reducción es tanto mayor cuanto más grandes son los gránulos que se formen.

En Estados Unidos se ha puesto a punto un antioxidante, la **ET0XIQUINA**, empleada en dosis de 0,015% sobre producto seca. En el comercio existe en forma emulsionada que debe diluirse en agua para ser aplicada «una parte de emulsión por 9 de agua» La adición debe hacerse sobre le Alfalfa aún molida.

# Glosario

**Agar-Agar** Es un polisacárido procedente de algas rojas. Ideal para hacer gelatinas de todo tipo y en especial aquellas que queramos soporten altas temperaturas (hasta 85°C). El agar-agar es un gelificante natural que procede de algas rojas

**Cal** Es una sustancia alcalina de color blanco o blanco grisáceo que contiene óxido de calcio. Se obtiene al calcinar rocas calizas o dolomías a altas temperaturas (unos 900 °C) en hornos

**Dolomita** Es un mineral blanco, marrón claro o rosa, compuesto de carbonato de calcio y magnesio. La dolomita es un mineral bastante común en las rocas sedimentarias continentales y marinas

**Ergosterol** Es un componente de las membranas celulares de los hongos, capaz de modificar la fluidez y permeabilidad de misma o actuando como modulador de algunas proteínas celulares

**Extracto libre de Nitrógeno (ELN)** Esta fracción no contiene ninguna celulosa, pero puede contener hemicelulosa y algo de lignina, además puede contener todos los productos solubles en agua que son insolubles en éter como por ejemplo vitaminas hidrosolubles. La mayor parte del ELN se compone de almidón y azúcares.

**Medicago Falcata** Es una planta perenne del género Medicago. Es nativa de la cuenca del Mediterráneo, pero ahora se encuentra en todo el mundo. También se conoce

69

como alfalfa amarilla, alfalfa de flor o alfalfa de hoz.

**Medicago Littoralis** Esta planta tiene frutos en espiral con espinas. Es muy parecida a Medicago Truncatula, pero se distingue por sus largos pedúnculos florales y sus frutos con espinas más o menos erectas.

**Medicago Sativa** Es una planta herbácea de la familia de las leguminosas. También se la conoce como mielga o lucerna.

**Medicago Scutellata** Es una planta leguminosa del género Medicago. Es una hierba anual que crece en campos y márgenes de caminos. Se puede identificar fácilmente por sus frutos enrollados en espiral, sin espinas y más o menos hemisféricos.

**Medicago Tribuloides** Es una planta de 10 a 60 centímetros de altura, con hojas trifoliadas. Es una hierba anual, tendida y pubescente, con tallos de 25 a 60 centímetros. Las hojas tienen folíolos obovados, largos de 6 a 12 milímetros, muy dentados en la mitad superior.

**Medicago Orbicularis** Es una planta silvestre que puede alcanzar entre 10 y 80 cm de altura. Tiene hojas trifoliadas y flores amarillas de 2 a 5 cm de largo, que forman pequeños racimos de una a cinco flores. La legumbre forma una espiral aplanada sin espinas que permite identificarla fácilmente del resto de especies del género.

**Molibdato** es un mineral que se encuentra en la naturaleza en forma de sulfuro. Se utiliza en muchas industrias, como la del tratamiento de agua y la de generación de energía

**Peletizado** Es un proceso que utiliza presión, humedad y calor para aglomerar pequeñas partículas de origen vegetal y animal en gránulos compactos. El diámetro y la longitud de los gránulos varía según el tipo de alimento para cada

La Alfalfa su cultivo y su aplicación en la Industria animal.

**pH** Es el potencial de hidrógeno, una medida que indica la acidez o alcalinidad de una sustancia o solución. El pH se mide en una escala de 0 a 14, donde un valor de 7 es neutro

**Trifolium** es un género que comprende unas 250 especies aceptadas, de las más de 1100 descritas,  de plantas de la familia Fabaceae, conocidas popularmente como tréboles. Se caracteriza por tener hojas que casi siempre se dividen en tres folíolos.

**Rhizobium Meliloti** es una bacteria gran negativa y aerobia que forma nódulos en las raíces de algunos tipos de trébol dulce, alfalfa y alholva. Esta bacteria es capaz de fijar nitrógeno en simbiosis con leguminosas.

José Ángel Pinzón Gómez

# Acerca del Autor

Nació en Pueblo Rico en 1922. Fue el menor de siete hermanas y tuvo que comenzar a trabajar desde muy joven para ayudar a su familia. A los 14 años, entró a trabajar como aprendiz en un banco, donde rápidamente demostró su talento y su capacidad de trabajo.

Fue un hombre dedicado, perseverante y disciplinado. Trabajaba largas horas y siempre estaba dispuesto a aprender cosas nuevas. En poco tiempo, se convirtió en referente en la banca colombiana.

También era un hombre interesado en la agricultura. En su tiempo libre, investigaba sobre nuevas técnicas y métodos de cultivo. Estaba convencido de que la agricultura podía ser una actividad más rentable y sostenible, y dedicó gran parte de su vida a buscar soluciones innovadoras.